Susanne Grolle

Quo vadis Landschaftsarchitektur?

GRIN Verlag

Bibliografische Information der Deutschen Nationalbibliothek:

Die Deutsche Bibliothek verzeichnet diese Publikation in der Deutschen Nationalbibliografie; detaillierte bibliografische Daten sind im Internet über http://dnb.d-nb.de/ abrufbar.

Impressum:

Druck und Bindung: Books on Demand GmbH, Norderstedt Germany
ISBN: 978-3-638-66456-1

Dieses Buch bei GRIN:

http://www.grin.com/de/e-book/56493/quo-vadis-landschaftsarchitektur

Quo vadis Landschaftsarchitektur ?

Zur Lage des Berufsstandes in Deutschland und ausgewählten europäischen Ländern

Fachhochschule Erfurt
Fachbereich Landschaftsarchitektur
Studienarbeit
Susanne Grolle
Sommersemester 2006

Inhalt

1 Einleitung

Was oder wer entscheidet, ob ein Berufsstand zukunftsfähig ist oder nicht?

Ziel dieser Arbeit ist es, einen Überblick der momentanen Situation in der Landschaftsarchitektur in Europa zu geben. Es soll aufgezeigt werden, welche Entwicklung der Berufsstand genommen hat und wie er mit diesem geschichtlichen Potential heute umgeht.

Die Darstellung erfolgt in Form eines Abrisses und einer kurzen Vorstellung innovativer, junger Büros, die sich um den deutschen Markt bemühen.

Als Grundlage werden die jeweiligen Beispielprojekte vorgestellt und auf ihre Innovativität und Originalität hin untersucht.

Nachfolgend werden anhand von Beispielen aus anderen europäischen Ländern der Zeitgeist und deren Impulse im Aufgabenfeld der Landschaftsarchitektur aufgezeigt. Letztere Darstellung, ebenso wie die Vorstellung der Landschaftsarchitekturgemeinschaften und -arbeitsgruppen, dient auf Grund des begrenzten Rahmens dieser Studienarbeit lediglich als Kurzübersicht und bedarf einer weiteren Abhandlung.

2 Ursprünge und Wurzeln der heutigen Landschaftsarchitektur

2.1 Erste Anfänge bis zum 19. Jahrhundert

Freiflächen für die Öffentlichkeit zugänglich und erlebbar zu machen, ist eine Aufgabe, die aus dem 19. Jahrhundert im Zuge der industriellen Revolution stammt. In der bis dahin existierenden historischen Stadt gab es hierfür kein Bedürfnis, da zu jedem Haus ein Garten gehörte. Vor den Toren der Stadt existierten Bürgergärten und -wälder. Festwiesen und Schützenplätze waren zusätzlich, als zu nutzender Freiraum in unmittelbarer Nähe vorhanden.

Mit der Industrialisierung und den entstehenden Vorstädten ergab sich ein Grünflächenmangel, der durch die freie Landschaft im Umfeld nicht kompensiert werden konnte. Diese war aufgrund eines mangelhaften Verkehrsnetzes für die Stadtbewohner nur schwer zu erreichen.

Nach den Napoleonischen Kriegen (1792 – 1815) wurden die fürstlichen Parkanlagen für die Bevölkerung geöffnet, und später wurden erste Landschaftsparks angelegt. Zu ihnen gehörten der Tiergarten in Berlin, der Englische Garten in München und der Georgengarten in Hannover. Anstelle der in dieser Zeit entstandenen Wallanlagen wurden Alleen und städtische Grünanlagen konzipiert. Zur Erholung vom alltäglichen Stress und für den ästhetischen Genuss sollten diese Anlagen dienen. Dem Sport und Spiel widmete man sich erst später, vor allem in den letzten Jahrzehnten des 19. Jahrhunderts. Ausgeschriebene Spielplätze fanden daraufhin mit ihrer Verbindung zu Grünanlagen in Wohnvierteln einen festen Platz im Stadtbild.

2.2 Hochschulausbildung und Institutionen ab dem 19. Jahrhundert

Das Interesse, eine Hochschulausbildung in der Disziplin der Garten- und Landschaftsgestaltung zu erwirken, war schon im 19. Jahrhundert vorhanden, führte allerdings erst 1929 zum Erfolg. Der Berliner Stadtgartendirektor Erwin Barth wurde zum Professor für Gartenkunst an der Landwirtschaftlichen Hochschule in Berlin berufen. Die Absolventen dieses Studienganges nannten sich bis in die 60er Jahre des 20. Jahrhunderts Diplom-Gärtner.

An den Gärtnerlehranstalten, wie im Wildpark Potsdam, Berlin-Dahlem, Proskau und in Köstritz wurden die Studiengänge allerdings mit dem Titel Diplom-Garteninspektor, Gartentechniker und anderen beendet.

Fachschulen für Gartenbau gab es allerdings schon seit 1946 wie in Erfurt und Pillnitz, die später zu Ingenieurschulen wurden.

Als die Humboldt Universität zu Berlin nach dem 2. Weltkrieg in die sowjetische Besatzungszone aufgeteilt wurde, bildete sich 1952 in Hannover der Studiengang Gartenbau und Landeskultur. Der akademische Titel wurde jetzt als Diplom-Ingenieur bezeichnet, da an Technischen Hochschulen zusammen mit dem Studiengang Agrarwissenschaften gelehrt wurde.

Mitte des 19. Jahrhunderts entwickelten sich Begriffe wie Landschaftsgärtner und Gartenkünstler, die nicht nur auf kommunalwirtschaftlicher, sondern auch auf privatwirtschaftlicher Ebene tätig waren. Ab dem Jahre 1887 schlossen sich diese in Dresden im Verein deutscher Gartenkünstler zusammen und in Folge dessen entwickelten sich daraus der Verband deutscher Gartenarchitekten (VDG), der Bund Deutscher Gartenarchitekten (BDGA) und die Deutsche Gesellschaft für Gartenkunst und Landschaftskultur (DGGL).

Mit der Entstehung von Fachhochschulen in der zweiten Hälfte des 20. Jahrhunderts wurde auch hier der Studienabschluss mit dem Titel Diplom-Ingenieur (FH) eingeführt.

Im ausgehenden 20. und beginnenden 21. Jahrhundert sind jedoch der Bund deutscher Landschaftsarchitekten (BDLA) und die Deutsche Gesellschaft für Gartenkunst und Landschaftskultur (DGGL) die maßgeblichen Organisationen in der Interessenvertretung der Profession. [1]

---

[1] Vgl. Gliederungspunkt 3.2

2.3 Ausbildungsmöglichkeiten in Deutschland

Anschließend soll ein kurzer Überblick über die momentanen Ausbildungsmöglichkeiten zum Landschaftsarchitekten bzw. zum Diplomingenieur Fachrichtung Landschaftsarchitekt/ Landespflege bzw. zum Bachelor of Science (B. Sc.) / Master of Science (M. Sc.) gegeben werden.

Zur Bezeichnung `Landschaftsarchitekt` ist man in Deutschland erst nach der Aufnahme in die Architektenkammer berechtigt.
Im Allgemeinen ist man nach dem Abschluss des Abiturs oder mit vergleichbaren Qualifikationen an den Hochschulen zugangsberechtigt. Diese Qualifikationen sind in den Bundesländern Deutschlands unterschiedlich geregelt.

Teilweise regeln auch Auswahlkriterien wie der Numerus clausus die Hochschulzulassung, da die Kapazitäten der Hochschulen in Bezug auf die Anzahl der Professorenstellen und Verfügbarkeit von Räumlichkeiten begrenzt sind.

Hochschulen in Deutschland lassen sich in Fachhochschulen (FH) und Universitäten unterteilen. Dabei gelten Letztere traditionell als die ranghöchste und älteste Form der wissenschaftlichen Hochschulen. Sie besitzen im Gegensatz zu den meisten Fachhochschulen (Ausnahmen bekannt), die erst in den Jahren zwischen 1969 und 1971 gegründet wurden, das Promotions- und Habilitationsrecht.

Aufgrund der Bologna-Reformen in Deutschland sind große Umstrukturierungen in der Hochschulszene geplant. Zudem gehört Deutschland für den Kern des Bologna Prozesses zu den Schnellstartern, dabei wird die Akkreditierung mit Hilfe eines zweistufigen Systems erzielt. Damit soll der Bachelor- als auch der Master-Abschluss ein eigenständiger berufsqualifizierender Abschluss werden. Dabei soll auch kein Unterschied, wie bisher, bei Abschlüssen an Universitäten und Fachhochschulen gemacht werden.
Zusammenfassend betrachtet muss der Prozess der Umstellung der Studiengänge auf Bachelor-/ Master- Studiengänge zum Jahr 2010 abgeschlossen sein. Die bis dorthin nicht umgestellten Studiengänge werden gestrichen.

Ausbildungsort	**Abschluss** (bei Einschreibung WS 2006/07)	Dauer in Semester
TU Berlin	Dipl.-Ing. Landschaftsplanung	10
TU Dresden	Dipl.-Ing. Landschaftsarchitekt	10
Universität Hannover	Bachelor of Science Master of Science	4 4
TU München	Master of Science	4
Gesamthochschule Kassel	Dipl.-Ing. Landschaftsplanung (Diplom I)	9
Gesamthochschule Kassel	Dipl.-Ing. Landschaftsplanung (Diplom II)	3

Universitätsangebot Landschaftsarchitektur/ Landschaftsplanung in Deutschland. Stand Mai 2006.

Ausbildungsort	**Abschluss** (bei Einschreibung WS 2006/07)	Dauer in Semester
Berlin	Bachelor of Science	4
Bernburg	Dipl.-Ing. Landschaftsarchitekt	8
Dresden	Dipl.-Ing. Landespflege	8
Erfurt	Dipl.-Ing. Landschaftsarchitekt	8
Essen	Dipl.-Ing. Landschaftsarchitekt	8
Geisenheim	Bachelor of Science Master of Science	6 4
Höxter	Bachelor of Science / Master of Science (Environmental Science)	6 4
Neubrandenburg	Bachelor of Science / Master of Science	6 4
Nürtingen	Bachelor of Engineering International Master of Landscape Architecture (IMLA)	7 4
Osnabrück	Bachelor of Engineering / Master of Engineering	6 / 4
Weihenstephan	Dipl.-Ing. Landschaftsarchitekt International Master of Landscape Architecture (IMLA)	8 4

Fachhochschulangebot Landschaftsarchitektur/ Landschaftsplanung in Deutschland.
Stand Mai 2006.

3 Heutiges Berufsbild in Deutschland

3.1 Die Arbeitsmarktsituation

Im März 2006 gab es laut der Bundesagentur für Arbeit (BfA) insgesamt 4.975.758 Arbeitslose in Deutschland. Dies bedeutet eine Quote von 12% und liegt damit um 1,8 % niedriger als im März des vorigen Jahres. Diese kleine positive Entwicklung könnte am weiteren ansteigen des Wirtschaftswachstums liegen, das durch die Entwicklung der Konjunktionsindikatoren erwartet wird. [2]

Bezogen auf den Berufsstand des Landschaftsarchitekten kann eine positive Entwicklung verzeichnet werden, denn die Zahl der Arbeitslosen sank hier um Zweidrittel gegenüber dem Jahr 1999 (Stand 2004). Im Gegensatz dazu steigen die Quoten bei den Hochbauarchitekten, Innenarchitekten, Stadt- und Regionalplanern stetig. Dies ermittelte die Bundesarchitektenkammer (BAK). [3] Der wesentlich kleinere Markt bei den Landschaftsarchitekten und der momentane Aufschwung in den Büros der Planung und Ausführung könnte dafür ein Grund sein. Zudem liegt der jährliche Anteil an Absolventen zwar weit über den freiwerdenden Stellen, doch im Verhältnis immer noch niedriger als bei den Hochbauarchitekten.

Unter starkem Druck sind allerdings die Einkommen der Architekten, Stadtplaner und Landschaftsarchitekten aufgrund der schwierigen wirtschaftlichen Lage schon seit Jahren. So gilt für einen angestellten Mitarbeiter in einem Büro keine Tarifpflicht, da bei der Ermittlung des Gehaltes ein direkter Zusammenhang mit der konkreten Leistung hergestellt wird.[4]

---

[2] Quelle: Monatsbericht März 2006, Bundesagentur für Arbeit.
[3] Vergleich dazu BAK (2005)- Jahresbericht 2004/2005.
[4] Vergleich dazu BAK Daten und Fakten – Arbeitsmarkt – Gehälter der Architekten.

Arbeitslose Ingenieure für Architektur, Landschaftsarchitektur, Innenarchitektur sowie Stadt- und Regionalplanung 1982 - 2003

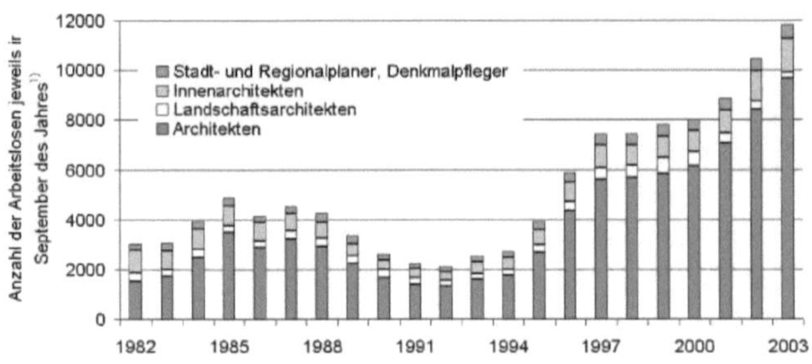

1) bis 1992 nur alte Bundesländer, ab 1993 Deutschland.
Quelle: Bundesanstalt für Arbeit.

Abbildung 1 Statistik zur Arbeitslosigkeit von 1982 bis 2003

3.2 Die BDLA- Gemeinschaft

3.2.1 Organisationsstruktur

Im Jahre 1913 gründete sich zunächst der Bund Deutscher Gartenarchitekten in Frankfurt/ Main, der sich seit 1972 Bund deutscher Landschaftsarchitekten (BDLA) nennt. Dieser hat heute rund 1300 Mitglieder und „versteht sich als Sprachrohr für selbstständige, angestellte und beamtete Landschaftsarchitekten und den beruflichen Nachwuchs".[5]

Die Vereinigung ist in Verbandsarbeit tätig und gliedert sich in 13 Landesgruppen, die sich nach dem föderativen Aufbau der Bundesrepublik orientieren. Hauptsächlich soll er zum Erfahrungsaustausch und dem gemeinsamen fachlichen Engagement dienen. Weitere Untergliederungen in Bundesgeschäftsstellen, Arbeitskreise, Fachsprecher und Präsidium erscheinen als maßgeblich, um eine solche Institution, die auch International in der International Federation of Landscape Architects (IFLA) und in der European Foundation for Landscape Architecture (EFLA) tätig ist, zu organisieren.

---

[5] BDLA Wir über uns – bdla der Verband.

3.2.2 Definition des Berufsfeldes[6]

Mit einer enormen gestalterischen und gesellschaftlichen Verantwortung für den Zustand der natürlichen Lebensgrundlage des Menschen und seiner Umwelt im Zusammenspiel mit sozialen und architektonischen Komponenten übt der Landschaftsarchitekt seine Arbeit aus. Besonders das Verbinden von ökologischen Zusammenhängen und planerischer Kompetenz steht im Vordergrund bei der Verwirklichung von Projekten, die zur Landschaftsentwicklung sowie Freiraumplanung in Stadt und Land beitragen sollen.

Eine weitere Besonderheit des Berufsstandes ist es, eine Schlüsselrolle als Moderator und Koordinator bei fachübergreifender Zusammenarbeit und Bürgerbeteiligungen einzunehmen. Die nötige fachliche und soziale Kompetenz, um Projekte umfassend und erfolgreich zu betreuen und abzuwickeln, ist dabei Grundvoraussetzung.

Zum einen arbeiten Landschaftsarchitekten kreativ und schöpferisch und zum anderen unterliegen sie einem großen Wettbewerb und der subjektiven Einschätzung des Auftraggebers.

Deshalb versteht sich ein Landschaftsarchitekt als Treuhänder der Auftraggeber und kann daher nicht gleichzeitig baugewerblich tätig sein. Die Bundesarchitektenkammer (BAK) schließt dieses allerdings nicht aus und so können sich gewerbstätige Landschaftsarchitekten, die sich mit einem Ausführungsbetrieb zusammengeschlossen haben, registrieren lassen. Freiberufler müssen allerdings erst eine Bauvorlageberechtigung erwerben (i. d. R. nach 2 Jahren Berufspraxis), um die Ausführung ihrer Projekte durchführen zu können. Diese Regelung ist allerdings zurzeit in starker Diskussion und der Freistaat Sachsen-Anhalt ist bereits im Prozess entsprechende Vereinfachungen einzuleiten.

Der Leistungsrahmen ist allerdings in der bundesweit gültigen Honorarordnung für Architekten und Ingenieure (HOAI) festgehalten und wird an den strengen Grundsätzen des Berufsstandes gemessen.

---

[6] Quelle: BDLA Öffentlichkeit/PR – Presse – Berufsbild der Landschaftsarchitekten – Landschaftsarchitekten: Planer für Mensch und Natur.

3.2.3 Tätigkeitsfelder[7]

Laut des BDLA werden folgende Tätigkeitsfelder für Landschaftsarchitekten formuliert und untergliedert:

- **Objekt- und Freiraumplanung** (Hausgärten, Gartenschauen, Maßnahmen zur Wohnumfeldverbesserung, Gestaltung öffentlicher Plätze und Anlagen, Dach- und Fassadenbegrünung).
- **Erholung und Freizeit** (Leitpläne für Sportanlagen, Lehrpfade, Radwegesysteme, Kleingartenanlagen, Naturerlebnisräume und Gartentourismuskonzeptionen).
- **Stadt- und Bauleitplanung, Dorfentwicklung** (Stadtsanierung und –entwicklung, Ortsbildsatzung, Dorferneuerung und – entwicklung, Fördermittelberatung, Flächennutzungs- und Bebauungsplanung, Landschafts- und Grünordnungsplan, Wohnkonzepte und Siedlungsökologische Konzepte).
- **Raumordnung und Landesplanung** (Landschaftsprogramme und –rahmenpläne, Umweltleitpläne, Landnutzungsplanung, Regionale Entwicklungskonzepte, Konzepterstellung zur Integrierung in Förderprogramme, Revitalisierung von Sonderflächen, ländliche Struktur- und Entwicklungsanalyse und großräumige Landschaftssanierung).
- **Landschaftsplanung, Naturschutz und Kompensation** (Landschaftspläne und Fachbeiträge, Umweltverträglichkeitsstudien, Landespflegerischer Begleitplan, Verträglichkeitsstudien, Umweltberichte, Bilanzierung von Eingriff und Ausgleich, Pflege- und Entwicklungsplanung, Naturschutzmanagement, Gewässerschutz und –renaturierung, Konzepte zum Hochwasser- und Grundwasserschutz, Biotopkartierung und –entwicklung, Schutzgebietsplanung und Forschungsarbeit).
- **Gartendenkmalpflege** (Dokumentation und Inventarisierung, Konzepte zur Instandsetzung und Wiederherstellung, Sanierung, Pflanzplanung mit historischem Vorbild und Parkpflegewerke).
- **Projektsteuerung** (Konzeption und Steuerung, Konfliktmanagement, Projekt- und Verfahrensmanagement, Baustellenlogistik und Sicherheitskoordination, Beratung zur Nachhaltigkeit und Effizienz, Facility-Management).

---

[7] Quelle: BDLA Öffentlichkeit/PR – Presse – Berufsbild der Landschaftsarchitekten – Landschaftsarchitekten: Planer für Mensch und Natur.

- **Moderation, Gutachten und Wettbewerbe** (Trägerschaft und Verfahrensbetreuung, Bürgerbeteiligung, Moderation und Betreuung in Bauleitplanung, Mediation und Konfliktvermeidung, Presse- und Öffentlichkeitsarbeit, Fachvorträge und –seminare, Auslobung und Vorprüfung von Wettbewerben, Fachpreisrichter und -gutachter).

Diese Tätigkeitsfelder sind auf der Grundlage der BDLA Position erarbeitet worden und besitzen daher keinen Anspruch auf Vollständigkeit im ganzheitlichen Sinne.
Die Bundesarchitektenkammer (BAK) definiert den Landschaftsarchitekten „als Planer der Freiräume innerhalb unserer Städte und Dörfer wie auch für die Belange der freien Landschaft und (sie) verbinden dabei ihr Wissen um ökologische Zusammenhänge mit fundierten planerischen und gestalterischen Kenntnissen“. [8]

3.3 Zwischen Gärtner, Künstler und Architekt

3.3.1 Das gärtnerische Verständnis

Der Landschaftsarchitekt versteht sich als Gestalter von Freiräumen und dies nach dem traditionellen Werten mit Hilfe des Werkstoffes Pflanze.

So ist nicht zu leugnen, dass die Ursprünge der Profession im Berufsfeld des Gärtners zu finden sind. Erste Grundlagen des Gartenbau und der Gartenbautechnik wurden mit planerischen Fähigkeiten verbunden. Ab der 1. Hälfte des 20. Jahrhunderts flossen auch ökologische und landschaftsplanerische Kenntnisse ein. Biologische und ökologische Prozesse müssen vor jedem Konzept oder Entwurf verstanden, analysiert und berücksichtigt werden. Die Ökologie und Umwelt ist daher eine wichtige Grundlage für die Arbeit eines heutigen Landschaftsarchitekten.

Seit der 2. Hälfte des 20. Jahrhunderts gibt es allerdings eine starke Spezialisierung in der Landschaftsarchitektur, die sich aus der Kombination mit anderen Fachgebieten ergibt und somit eine tiefgründigere Fachkompetenz erzielt werden kann.

---

[8] BAK, Wirz, S. (2004): Wir über uns – Berufsbild – Landschaftsarchitekten: Die Landschaftsarchitekten.

Viele angesehene und ihre Zeit prägende Gestalter haben mit einer Gärtnerlehre ihre Karriere begonnen. Stellvertretend zu nennen sind:

- Willy Lange (1864-1941)
- Leberecht Migge (1881-1935)
- Erwin Barth (1880-1933)
- Heinrich Friedrich Wiepking-Jüngersmann (1981-1973)
- Georg Bela Pniower (1896-1960)
- Walter Rossow (1910-1992)
- Dieter Kienast (1945-1998)

3.3.2 Land Art

Die in Amerika Ende der sechziger Jahre des 20. Jahrhunderts entstandene Kunstrichtung hat deutliche Gemeinsamkeiten mit der Landschaftsarchitektur und kann somit auch als ein Teil von dieser bezeichnet werden. Während sich der Begriff Land Art in Europa etabliert hat, sind in den USA Begriffe wie Earthworks und Earth Art gebräuchlich.

Es wird jeweils in Thematik und Raumvorstellung mit wachsenden und gleichzeitig vergänglichen Materialien gearbeitet. Ein zentrales Anliegen ist es beiden Bewegungen sich durch eine ausrucksstarke Einfachheit zu charakterisieren.

Die Land Art versteht sich allerdings als „Widerstand gegen die gestalterische Geschwätzigkeit der Massenkonsumgesellschaft“ und versucht sich somit „in Formsprache und Materialverwendung auf das Wesentliche zu konzentrieren“. [9] Zudem versucht die Land Art eine „semantische Brücke über den tiefen Graben zwischen künstlerischer und alltäglicher Welt“ zu schlagen. [10]

Die Landschaftsarchitektur ist hingegen jene Disziplin, die sich der konzeptionellen Erarbeitung eines Raumes widmet, die selten auf eine kreative Wirkung basiert.

---

[9] WEILACHER, U. (1996): Zwischen Landschaftsarchitektur und Land Art, S.40.
[10] WEILACHER, U. (1996): Zwischen Landschaftsarchitektur und Land Art, S.40.

Die Thematisierung der Vergänglichkeit, Einfachheit und Sensibilität für Raum und Zeit, auf die die Künstler der Land Art ihre Werke ideologisch stützen, wäre eine Alternative für die heutige Landschaftsarchitektur. Neue Impulse und Inspirationen im Gegensatz zu funktionalistisch orientierten Grünplanungen, klassischen Garten- und Parkgestaltungen im Stil des englischen Landschaftsgartens oder des französischen Barockgartens könnten gefunden werden und zu einem neuen Selbstverständnis der Landschaftsarchitektur führen.

Herausragende Künstler und Initiatoren der Land Art wären dabei:

- Christo und Jean-Claude (beide *1935)
- Andy Goldsworthy (*1956)
- Michael Heizer (*1944)
- Walter De Maria (*1935)
- James Turrell (*1943)

3.3.3 Raumkunst

Architektur versteht sich inzwischen nicht nur als Baukunst, sondern wird über ihren Raum schaffenden Charakter definiert. Landschaftsarchitektur setzt dort an, wo die Architektur keine Lösungen mehr finden kann, denn sie befindet sich in einer Dualität von Raum und Hülle. Mit ihren festen Räumen, die im Inneren geschaffen werden, bleiben außen und innen Freiräume.

Wie stark sich die Disziplinen der Architektur und Landschaftsarchitektur allerdings gegenseitig beeinflussen, wird vor allem im 18. und 19. Jahrhundert durch den Landschaftspark, aber auch in der Moderne, deutlich.

Mit der Rückbesinnung auf die griechische Antike und andere Stilepochen in der Architektur und die Wiederentdeckung und Inszenierung der Natur vereint sich im 18. Jahrhundert das Ideal nach hohen Werten, Empfindsamkeit und Schlichtheit. Um die Wirkung der geschaffenen „natürlichen“ Landschaften zu steigern, wurden antike Tempel, chinesische Pagoden und gotische Ruinen in die Parks gebaut.

Seit Anfang des 20. Jahrhunderts wird die Raumkunst auch programmatisch angewendet (siehe Raumkunst im Freien) und auch in Architektengärten wird darauf geachtet. Bis heute wird sie auch unter dem Thema Freiraumgestaltung und -planung untersucht und gelehrt.

3.4 Probleme und neue Aufgabenfelder

3.4.1 Probleme[11]

Seit Mitte der 1990er Jahre befindet sich Deutschland und besonders die Baubranche in einer permanenten konjunkturellen Talfahrt. Hinzu kommt, dass in den Kommunen und Ländern die finanziellen Mittel gekürzt werden, und somit für neue Investitionen der Mut und oftmals das Geld fehlen.

Entwicklungen, die alle Berufsstände betreffen, wie abnehmende und überalternde Bevölkerung, Abwanderungstendenzen und anhaltende Deregulierung der staatlichen Sozialpolitik sind weiter Ursachen für die momentane Branchenentwicklung in der Landschaftsarchitektur in Deutschland.

Aufgrund der sinkenden Bauaufgaben und zu vergebenden Bauaufträge ist der Konkurrenzkampf unter den verbleibenden Planungsbüros enorm. Dieser hat zu einer Entwicklung geführt, in der meist unrealistische, so genannte Dumping-Angebote das Geschäft bestimmen, und oftmals die „billigste Offerte“ den Zuschlag bekommt.

Verbindliche Rechtsgrundlagen in Deutschland wie die HOAI sind allerdings vergleichsweise starr und gehen auf wirtschaftliche Veränderungen und lokale Gegebenheiten nicht ein. Durch die aktuellen Diskussionen werden die Honorar- und Leistungsverordnungen in der Praxis in Frage gestellt.

Zunächst hat sich die Bundesregierung für den Fortbestehen der Ordnung entschieden, jedoch ist dieses mit einem deutlichen Reformauftrag verbunden, der das kostengünstige Bauen stärker fördern soll. [12]

---

[11] Vgl. Gliederungspunkt 3.1

[12] Vgl. SCHEGK, L. (2006): Honorierung von Low-budget-Projekten, S.8.

Ein weiteres Problem des gesamten Berufsstandes scheint es zu sein, sich ein Eigenes, markantes Gesicht zu geben. Man muss sich also neben Architekten, Ingenieuren und Gärtnern etablieren und ein eigens Image aufbauen. Die Problematik wird durch den allgemein schlechten Bekanntheitsgrad in der breiten Bevölkerung deutlich und könnte ein weiterer Grund für die verhältnismäßig geringen privaten Aufträge sein. Presse- und Öffentlichkeitsarbeit sind dabei ein wichtiger Bestandteil. Für den Bereich Landschaftsarchitektur existiert qualifizierte Kritik in der Tagespresse jedoch nicht, denn Freiraumprojekte werden meist im Lokalteil besprochen, oftmals auf einem fachlich niedrigen Niveau. Ein klarer Vorteil zeigt sich darin, dass Artikel auch von Laien studiert und bewertet werden können. Negativ hingegen ist die Art der Berichterstattung. Sie entbehrt größtenteils einer fundierten, kritischen Reflexion und ist daher nicht geeignet, qualitätvolles Planen und Bauen zu fördern. Nur von einer selbstbewussten und akzeptierten Landschaftsarchitektur können Impulse für eine größere kulturelle Diskussion um die Gestaltung und Ausbildung von Freiräumen ausgehen.

Aktives Marketing für die Landschaftsarchitektur, ihrer Notwendigkeit und eine Imageverbesserung scheinen daher dringend notwendig.[13]

Aktuelle Problemstellungen und Prozesse müssen erkannt, analysiert und Lösungsansätze ausgearbeitet werden. Eine wachsende Polarisierung (räumliche und soziale Segregation) ist dabei nur ein Beispiel. Dieses Problem ist bereits erkannt, doch Methoden aus vergangener Zeit, wie die so genannte „Wohnumfeldverbesserung“ kann hier nicht das einzige Mittel sein, um eine nachhaltige Verbesserung der Stadtstruktur und Wohnqualität zu erzielen.

Die Transformation der heutigen Arbeitsgesellschaft in eine Dienstleistungsgesellschaft betrifft auch den Berufsstand des Landschaftsarchitekten und so befindet sich dieser noch in einer strukturellen Anpassungsphase und Identitätsfindung. Stetige Stadterweiterung und expandierende Siedlungsentwicklung sind Relikte aus der vorangegangenen Industriegesellschaft und nun epochal an ihrem Ende angelangt.

---

[13] Vgl. KRAUSE, J. R. (2005): Land in Sicht – Zehn Schritte zum Erfolg, S.9.

In bisherigen Programmen des Stadtumbaus wird versucht auf diese Entwicklung zu reagieren. Trotzdem sollte es für zukünftige Landschaftsarchitekten darum gehen, mit den Relikten und den daraus entstehenden Problemen der Nutzung und Eingliederung umzugehen und für sich weitere neue Aufgabenfelder zu finden.

Die bisher noch nicht angesprochene Hochschulausbildung ist in der Betrachtung der gesamten Thematik nicht zu unterschätzen. Ihre Aufgabe ist es, die Qualität der nachfolgenden Landschaftsarchitekten zu sichern. Dabei sollte nicht nur auf ein hohes Niveau der fachlichen Qualifikation und gesellschaftlich politischen Kompetenz geachtet werden, sondern auch auf Schlüsselqualifikationen wie Team- und Kritikfähigkeit, Zeit-, Selbst- und Konfliktmanagement. Doch sind die Hochschulen aufgrund ihrer oftmals sehr starren und trägen Strukturen und innerpolitischen Hierarchien in der Lage auf aktuelle Prozesse und Themen zu reagieren?

Kein System bleibt stabil ohne permanente Veränderung, in Hinblick auf Anpassungen an Marktlagen sowie marktunabhängige Innovationen. Aufgrund ihrer Übung in der Betrachtung, Interpretation und Steuerung komplexer Prozesse, sollten Landschaftsarchitekten und ihre Partner die Probleme und Aufgaben unserer Zeit in die Hand nehmen.

3.4.2 Neue Aufgabenfelder

Aus den wirtschaftlichen, sozialen und politischen Veränderungen und Umstrukturierungen des ausgehenden 20. Jahrhunderts ergeben sich in Hinblick auf Stadtentwicklung, Siedlungsbau und Industrie neue Aufgabenbereiche für die Landschaftsarchitektur, die dringenden Handlungsbedarf signalisieren.

Die neue Entwicklungsphase definiert sich durch De-Industrialisierung, Suburbanisierung, Perforation, Stadtumbau und Schrumpfung. Dabei handelt es sich zum Beispiel um die neue Qualifizierung von Freiräumen, nachhaltige Planung (Umweltvorsorge, Naturschutz und Landschaftspflege) oder den sozialen Auftrag, den Planer heute haben.

Während früher die „geordnete" städtebauliche Entwicklung als oberste Vorgabe für die Bauleitplanung galt, ist seit der Gesetzesnovelle von 1997 der Begriff der Nachhaltigkeit an diese Stelle getreten. So ist im BauGB §1(5) zu lesen:

„Die Bauleitpläne sollen eine nachhaltige städtebauliche Entwicklung und eine dem Wohl der Allgemeinheit entsprechende sozialgerechte Bodennutzung gewährleisten und dazu beitragen, eine menschenwürdige Umwelt zu sichern und die natürlichen Lebensgrundlagen zu schützen und zu entwickeln."

Ein solches Nachhaltigkeitsprinzip beruht auf der Ausgeglichenheit der Aspekte Ökologie, Soziales und Ökonomie. Insgesamt fünf Handlungsfelder gruppieren sich unter dieser Überschrift:

- Haushälterisches Bodenmanagement
- Versorgender Umweltschutz
- Sozialverantwortliche Wohnungsvorsorge
- Stadtverträgliche Mobilitätsstreuung
- Standortsichernde Wirtschaftsförderung

Konkrete Aufgaben im Bereich der Wiederaufbereitung von ungenutzten und belasteten Flächen der Stadt, der Umwandlung der Flächennutzung militärischer Anlagen, der Nutzungsfindung für innerstädtische Brachflächen und der Behandlung von Tagebaufolgelandschaften sind dabei nur ein kleiner Katalog von zukünftigen Aufgaben.

Dass die Landschaftsarchitektur die Disziplin ist, die diesen Aufgaben des neuen freiraumbasierten Städtebaus besonders gewachsen zu sein scheint, beweist die aktuelle Diskussion um den belebten und gestalteten Freiraum, der einer Stadt als Erlebnisgerüst und Zeichen der Identität dienen soll.

Den Vorzug zur Bearbeitung dieser neuen Aspekte und Aufgabengebiete vor der Disziplin Hochbau erfährt die Landschaftsarchitektur vor allem durch ihre Verbindung folgender Qualitätskriterien: Ingenieurwissen, Gestaltungskraft, Erfahrung in Gesetzgebung und Verwaltung sowie sozialer Kompetenz. [14] Somit könnte „eine Periode anhaltender öffentlicher Investitionen, unterstützt durch die entsprechende politische Führung und die intellektuelle Energie der planenden und gestaltenden Profession (...) einen Qualitätssprung für die moderne Stadt bringen". [15]

---

[14] LOHRBERG, F. (2002): Landschaftsarchitektur als Städtebau, S.11.
[15] FIRTH, K., BURDETT, R. (2002): Der neue Masterplan, S.27.

4 Innovationen in der „jungen Szene“?

Zunächst ist im Allgemeinen und Speziellen zu klären was Innovation bedeutet.
Laut Meyers Taschenlexikon 1999 wird Innovation als „Entwicklung neuer Ideen, Techniken, Produkte“ beschrieben. [16]

Laut Dieter Kienast befindet sich die Landschaftsarchitektur schon seit langem zwischen Tradition und Innovation, wobei dies im Zusammenhang mit dem wichtigen Schlagwort Ökologie gesehen werden muss. Das Verständnis für ökologische Wirkungsweisen und Prozesse hat sich als Grundlage für nachhaltiges und verantwortungsbewusstes Bauen in unserer heutigen Zeit herausgestellt. In diesem Sinne sollen Alternativen, neue Ansatzpunkte, Funktionsweisen und Materialitäten gesucht werden.[17]

Es ist zu erwarten, dass aufgrund der höheren Aufnahmefähigkeit und Aufgeschlossenheit der jungen Generation die Innovationen, Ideenherde und Neuerungen vorrangig hier zu finden sind. Mit einer Kurzdarstellung zweier relativ junger, aber gut etablierter Planungsbüros aus Deutschland soll diese These unterstützt werden.

4.1 club L94 [18]

4.1.1 Portrait

Nachdem die späteren Gründer des club L94 ihr gemeinsames Studium an der Fachhochschule in Erfurt beendet hatten, arbeiteten sie voneinander unabhängig in den verschiedensten Planungsbüros Deutschlands. Dabei konnten sie ihre unterschiedlichen Schwerpunkte, die alle Leistungsphasen der HOAI abdecken, schulen und von dem Know-how bekannter Büros, wie WES+Partner, profitieren und lernen.

---

[16] WEIß, Dr. J. (1999): Meyers Taschenlexikon, Band 5, S.1596.
[17] KIENAST, D. (2004): Essays, Martin R. Dean, S.64.
[18] Quelle: www.clubl94.de

Die Freundschaft untereinander blieb in diesen Jahren erhalten und so wurde im Jahre 2001 der Schritt in die Selbstständigkeit gemeinsam unternommen.

- Gründung: 2001
- Standort: Köln
- Gründer: J. Homann, F. Flor, G. Klose, B. Wegener
- Mitarbeiter: 4 (+Praktikanten)
- Partner: Raumwerk Architekten,
  Baumann + Schmitz Architekten, Wörner und Partner Architekten
- Leistung: alle Leistungsphasen nach HOAI §15
- Spezialgebiete: Objektplanung, Bauleitung, Wettbewerbe

4.1.2 Philosophie

Als Club bezeichnet dieses Büro sich und dementsprechend gibt es mehrere Komponenten in der so genannten „Clubidentität". Die erste Komponente ist die Begeisterung für innovative Landschaftsarchitektur, die mit hoher gestalterischer, funktionaler und technischer Qualität verbunden ist. Die Zweite beruht auf den unterschiedlichen Schwerpunkten der Mitglieder, die ein breites Spektrum abdecken und zu einem ganzheitlichen Lösungskonzept führt.

4.1.3 Ausgewählte Projekte

Prägnante Projekte von club L94 wären: **Fundort der Himmelsscheibe von Nebra (2005)**, Revitalisierung des Rheinlandhauses in Köln Deutz (2005), **Revitalisierung Klöcknerhaus in Duisburg (2004)**, Kölner Ringe „Code Cologne" (2004), Rheinische Zusatzversorgungskasse in Köln (2003), Ministerium für Schule, Jugend und Kinder in Düsseldorf (2003), Bahnhofstrasse und Rathausplatz Bad Homburg (2002).

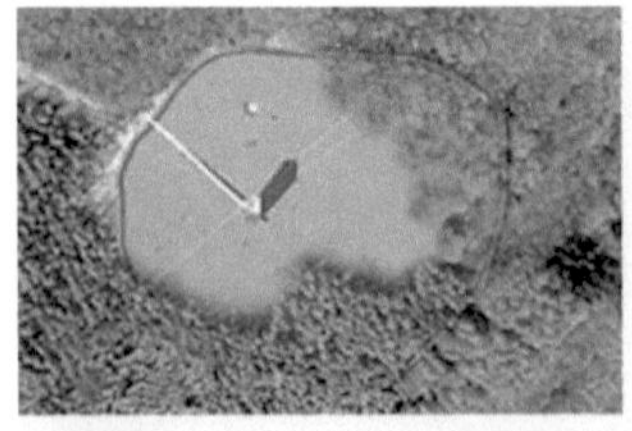

Himmelscheibe von Nebra, Abbildung 2 Projektbilder clubL94, Revitalisierung Klöcknerhaus in Duisburg.

4.2 Topotek 1[19]

4.2.1 Portrait

- Gründung: 1996
- Standort: Berlin
- Gründer: L. Dexler, M. Rein-Cano
- Mitarbeiter: 17
- Partner: Schneider & Schumacher, Holger Kleine Architekten, Grüntuch Ernst Architekten
- Leistung: alle Leistungsphasen nach HOAI §15
- Spezialgebiete: Urbane Freiraumgestaltung, Konzeptentwicklung, Bauleitung, Wettbewerbe

[19] Quelle: www.topotek1.de

4.2.2 Philosophie

Ein kritisches Selbstverständnis für Vorhandenes wird als Grundlage für einen konzeptionellen Lösungsansatz betrachtet. Klare Aussagen im urbanen Kontext sind dabei das übergeordnete Ziel in Entwurf, Planung und Umsetzung eigenständiger Parks, Plätze, Sportplätze, Höfe und Gärten.
Die Gestaltung ist nach den Bedürfnissen unsere Zeit orientiert, deren wichtigsten Elemente in der Variabilität, Kommunikation und Sinnlichkeit liegen.

4.2.3 Ausgewählte Projekte

prägnante Projekte von Topotek 1: Fördehotel Ballastkai in Flensburg (2006), **Sportanlage Herrenschürli in Zürich (2005)**, **Festung Ehrenbreitstein in Koblenz (2004)**, Biomedizinpark in Bochum (2004), Schlosspark Wolfsburg (2004), Deutsche Botschaft in Warschau (2003), Landesgartenschau in Eberswalde (2002).

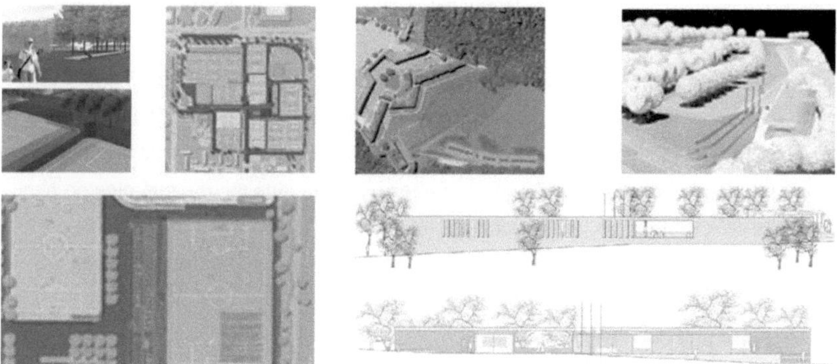

Sportanlage Herrenschürli in Zürich, Abbildung 3 Projektbilder Topotek 1, Festung Ehrenbreitstein in Koblenz.

5 Impulse aus Europa

Die jahrelang angestrebte Globalisierung in Landschaftsarchitektur wird nun durch eine Trendwende zur Analyse lokaler Gegebenheiten ersetzt. In dieser wird das Wachstum der Pflanze immer mehr in den Gestaltungsprozess einbezogen, um auch die Stärke der Profession, dem Umgehen mit Instabilität und Veränderung zu zeigen. So gilt es Sukzession, Vegetation und Gestaltung miteinander zu kombinieren.

Städtebauliche Projekte werden als Prozess angesehen, um räumliche Stadtvisionen zu verwirklichen und somit flexibel auf sich ändernde soziale und ökonomische Rahmenbedingungen zu reagieren.

Demnach werden keine starren Schablonen entwickelt, mit Hilfe derer jedes Projekt durchgeführt werden kann, sondern es muss für jedes unter individuellen Gesichtspunkten untersucht und um eine nachhaltige Lösung gekämpft werden.

Um aktuelle Probleme der Städte wie Abwanderung und Zersiedlung einzudämmen, wurde eine konsequente städtische Renaissance von den nationalen Regierungen und den lokalen Verwaltungen gefördert. Dieses Feld der Regeneration wird von den Niederlanden angeführt und so sollen diese neben Spanien, das mit Einzelprojekten ähnliche Ziele verfolgt, hier als Beispiel aufgeführt werden.

5.1 Projekte aus den Niederlanden

Eine neue Generation und Form von Masterplänen und deren Planung wird in den Niederlanden schon seit geraumer Zeit entwickelt und angewendet. Ein geradezu dreidimensionaler Masterplan, der für ein nachhaltiges Stadtwachstum in postindustriellen Städten verwendet wird. Schlüsselpunkte der Gestaltung sind die Flexibilität in der Nutzung und die Anpassungsfähigkeit an die Ansprüche der Zeit. Ein radikaler Mix von Maßstäben, Nutzungen, Dichte und architektonischem Ausdruck mit klaren Strukturen wird besonders von den Planern Kees Christiaanse, Erik van Egeraat und Adriaan Geuze praktiziert.

5.1.1 West 8 – Buona Vista Park[20]

West 8 als eines der erfolgreichsten Urban Design Büros in Europa mit hohen internationalen Exportdienstleistungen gestaltet auch im eigenen Land, den Niederlanden, Landschaften und Freiräume.

Masterpläne werden als laufender Prozess verstanden, der auf einem starken und flexiblen Konzept beruhen sollte, um die Identität einer Stadt zu wahren und zu fördern. Exemplarisch für die Arbeit bei West 8 soll das Projekt Buona Vista Park in Singapur stehen, das seit 2002 betreut und weiterentwickelt wird.

Abbildung 4 Entwurfsperspektive West 8, Buona Vista Park, Singapore.

In Zusammenarbeit mit dem Londoner Planungsbüro Richard Rogers Partnership (RRP) entsteht im Norden von Singapur ein gigantischer Park, der als „Grüne Lunge" fungieren und damit Singapur als „Garden City" weiter etablieren soll.

Eine an Illusion grenzende Landschaft wird geschaffen und in die dynamische und kontrastreiche Stadtumgebung integriert. Die Esplanade, die in ihrer Form an eine Schlange erinnert, ist das Symbol für die Geschichte und den Glauben des Landes.

---

[20] Quelle: www.west8.nl

Wie in den meisten West 8 Projekten trägt Wasser und Wasserspiel als Symbol des Lebens und der Bewegung eine wichtige Rolle. So finden sich auch im Buona Vista Park viele Wasserelemente, die zusätzlich mit rotem und blauem Licht in Szene gebracht werden.

5.1.2 Bureau B+B – Central Park Amsterdam-Noord[21]

Ein außergewöhnlicher Park im Norden der niederländischen Hauptstadt, denn hier befindet sich nicht nur ein 50 Meter hoher Tulpenberg, sondern auch viele weitere Attraktionen wie der Noord Holland Kanaal, der von Norden nach Süden durch den Park führt. Eine große transparente Brücke verbindet beide Parkteile und wirkt somit auch als architektonisches Bauwerk.

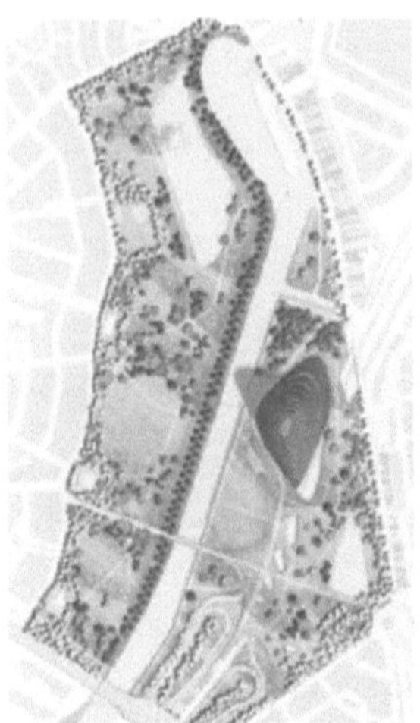

Abbildung 5 Entwurf Bureau B+B, Central Park Amsterdam-Noord, Netherlands

5.2 Projekte aus Skandinavien

Die skandinavischen Länder mit Norwegen, Schweden, Finnland und Dänemark sind zwar auf dem internationalen Markt nicht so häufig vertreten wie die Niederlande, doch findet man hier sehr innovative und gestaltungsstarke Projekte.

[21] Quelle: www.bplusb.nl

Eine kleine Auswahl an Projekten soll zeigen, dass gerade mit dem dänischen Landschaftsarchitekten Stig L. Andersson Dänemark ein Impulsgeber für andere Länder sein kann. Das von ihm 1994 ins Leben gerufene Büro SLA kann nicht nur in Dänemark mit seinem klaren und schlüssigen Design überzeugen.

5.2.1 SLA – Kolding Railway Station Plaza[22]

Auf einem sehr belebten Bahnhofsvorplatz im dänischen Kolding war es das Ziel des Landschaftsarchitektenteam um Stig L. Andersson eine Aufenthaltsqualität zu schaffen, die in der Form, Farbe und Licht einen Raum schaffen, der zum Verweilen einlädt. Mit farbenfrohen Kreismotiven, Wasserspiel und der Integration von bestehenden Bäumen wird versucht die insgesamt 12.000m² Fläche zu gliedern und erlebbar zu machen.

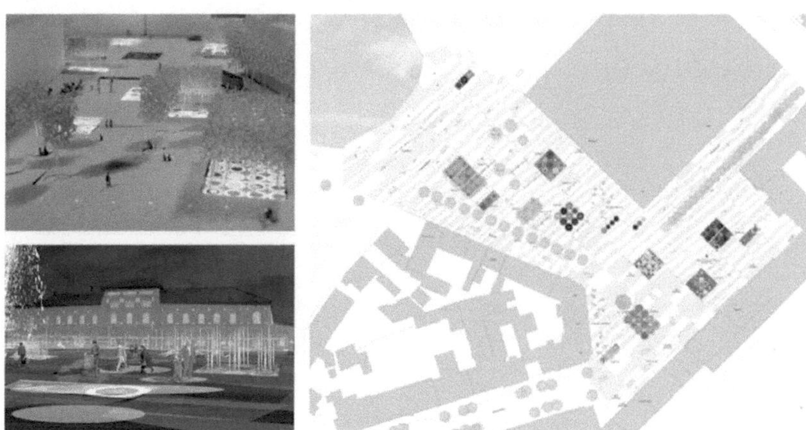

Abbildung 6 Projektplanung SLA, Railway station Plaza, Kolding, Denmark.

5.2.2 Landskap Design AS – Stadtmitte Bergen[23]

Das norwegische Team aus Bergen um den Gründer Arne Sælen gestaltete mehrere Plätze und Räume im Innenstadtbereich Bergens.

---

[22] Quelle: www.sla.dk

[23] Quelle: www.landskapdesign.no

Der mit dunklem Granit gepflasterte Platz Vågsallmenningen Square bietet hohe Aufenthaltsqualität mit zahlreichen Bänken und temporären Kunstwerken.
Chinesischer Granit und japanische Kirschen fanden in der Gestaltung der Festplassen in Bergen Verwendung, die mit dem Planungsbüro Cubus AS zusammen entworfen wurde.

Abbildung 7 Projektbilder Design AS,
Festplassen in Bergen, Vagsallmenningen Square in Bergen, Norway.

6 Schlusswort

Die Arbeit an diesem Thema hat gezeigt, dass Deutschland großes Potential zur Ausbildung einer kreativen und innovativen Landschaftsarchitektenszene hat. Die vorgestellten Planungsbüros und Projekte beweisen einen ersten Schritt in die richtige Richtung.

Jedoch sollten die Vorraussetzungen für die nötigen Umstrukturierungen von staatlicher und organisatorischer Seite schneller möglich gemacht werden, um den Anschluss an die Entwicklung im restlichen Europa nicht zu erschweren.

Die Schaffung des gemeinsamen europäischen Binnenmarktes ermöglicht einen europaweiten Austausch von Auszubildenden und Arbeitskräften. Die Förderung des ländlichen und städtischen Raumes durch die EU macht diesen Arbeitsmarkt auch für die Berufsgruppe der Landschaftsarchitekten interessant.

Impulse, die auch als innovativer Input in die Berufs- und Ideenwelt verstanden werden können, sind nicht nur in den traditionellen Gartenkulturen, wie England und Frankreich zu finden, sondern auch in kleineren und jüngeren Ländern wie denen Skandinaviens oder den Niederlanden.

Aufgrund der verschiedenen kulturellen Hintergründe und Vorbilder jedoch, werden Planer unterschiedlicher Länder stets verschiedene Auffassungen zur Planung und Durchführung von Projekten in urbanem und ländlichem Raum besitzen. Ein direkter Vergleich ist dabei ohne die Berücksichtigung des Genius loci nicht möglich.

7 Literatur- und Quellenverzeichnis

Buchpublikationen

1. BUND DEUTSCHER LANDSCHAFTSARCHITEKTEN (Hrsg./ Ed.) (2005): Spielräume. Zeitgenössische deutsche Landschaftsarchitektur. Birkhäuser Verlag für Architektur. Basel-Berlin-Boston.
2. KIENAST, D. (2004): Essays: Martin R. Dean, Udo Weilacher. Birkhäuser Verlag für Architektur. Basel-Berlin-Boston.
3. PROFESSUR FÜR LANDSCHAFTSARCHITEKTUR ETH ZÜRICH (Hrsg.) (2002): Dieter Kienast – die Poetik des Gartens. Über Chaos und Ordnung in der Landschaftsarchitektur. Birkhäuser Verlag für Architektur. Basel-Berlin-Boston.
4. SCHÄFER, R., LOSCHWITZ, G. (Hrsg./Ed.) (2002): Landschaftsarchitektur in Skandinavien. Edition Topos. Callway Verlag. München.
5. SCHRÖDER, T. (2001): Inszenierte Naturen; Zeitgenössische Landschaftsarchitektur in Europa. Birkhäuser Verlag für Architektur. Basel-Berlin-Boston.
6. TAMMS, F., WORTMANN, W. (1973): Städtebau – Umweltgestaltung: Erfahrungen und Gedanken. Carl Habel Verlag. Darmstadt.
7. WEILACHER, U. (1996): Zwischen Landschaft und Land Art. Birkhäuser Verlag. Basel-Berlin-Boston.
8. WEIß, Dr. J. (1999): Meyers Taschenlexikon. Band 5. Weltbild Verlag GmbH. Augsburg.
9. ZÖCH, P., LOSCHWITZ, G. (Hrsg./Ed.) (2005): Europäische Landschaftsarchitektur. Callway Verlag. München.

Zeitschriftenaufsätze

10. FIRTH, K., BURDETT, R. (2002): Der neue Masterplan. in: Garten + Landschaft 10/2002. Callway Verlag. München.
11. LOHRBERG, F. (2002): Landschaftsarchitektur als Städtebau. in: Garten + Landschaft 10/2002. Callway Verlag. München.
12. KRAUSE. J. R. (2005): Land in Sicht – Zehn Schritte zum Erfolg. in: Garten + Landschaft 07/2005. Callway Verlag. München.
13. SCHEGK. L. (2006): Honorierung von Low-budget-Projekten. in: Garten + Landschaft 01/2006. Callway Verlag. München.

Graue Literatur

14. BLOCHBERGER, V. (2005): Quo vadis (Landschafts)Architekt? Skript der Vorlesungsreihe Vertiefungsrichtung Freiraumplanung. Studiengang Landschaftsplanung, FH Erfurt.
15. BODENDORFER, A. (2004): Europa - ein zukünftiger Arbeitsmarkt für Landschaftsarchitekten?, Studienarbeit , Studiengang Landschaftsarchitektur, FH Erfurt.
16. BUND DEUTSCHER LANDSCHAFTSARCHITEKTEN (2006): Landschaftsarchitekten – Planer für Mensch und Natur. http://www.bdla.de/seite74.htm, 25. April 2006.
17. BUNDESAGENTUR FÜR ARBEIT (2006): Der Arbeits- und Ausbildungsmarkt in Deutschland. Monatsbericht März.
18. http://www.pub.arbeitsamt.de/hst/services/statistik/000000/html/start/index.shtml,24 . April 2006.
19. BUNDESARCHITEKTENKAMMER (2005): Daten und Fakten – Arbeitsmarkt – Gehälter der Architekten: Welter, Dr. T.: Informationen zu den Gehältern der Architekten, http://www.bak.de/site/1446/default.aspx , 24. April 2006.
20. BUNDESARCHITEKTENKAMMER (2005): Veröffentlichungen – Jahresberichte – Jahresbericht 2004/2005, http://www.bak.de/site/1234/default.aspx , 1. Mai 2006.
21. BUNDESARCHITEKTENKAMMER (2004): Wir über uns – Berufsbild – Landschaftsarchitekten: Wirz, S.: Die Landschaftsarchitekten, http://www.bak.de/site/221/default.aspx , 11. Mai 2006.
22. BUND DEUTSCHER LANDSCHAFTSARCHITEKTEN (2006): bdla – der Verband. http://www.bdla.de/seite60.htm, 25. April 2006.
23. CLUB L94: Der Club, Identität, Projekte. http://www.clubl94.de/, 30. Mai.2006.
24. DEUTSCHE GESELLSCHAFT FÜR GATENKUNST UND LANDESKULTUR e.V. (2006): Die DGGL – stellt sich vor. http://www.dggl.org/bundesverband/bv_vorstellung.html, 11. Mai 2006.
25. PRASCH. E. C. (1997): Gärten und Parks in Deutschland, Frankreich und Spanien an ausgewählten Beispielen. Diplomarbeit Fachbereich Landschaftsarchitektur. FH Erfurt.
26. SLA: Urban Spaces – Kolding Railway Station Plaza. http://www.sla.dk/indexgb.htm, 13. Juni 2006.
27. TOPOTEK1: Über topotek1 – das Büro, Projekte. http://www.topotek1.de/, 30. Mai 2006. Architekten + Ingenieure – Landschaftsarchitekten – TOPOTEK1. http://www.competitionline.de/, 13. Juni 2006.

Anhang

Anhang 1: Abbildungsverzeichnis